DANNY

AMA LOS VIDEOJUEGOS

Basado en la Historia Real de Danny Peña

POR MR. LUNA

Para obtener información sobre este título, otros libros y/o descuentos especiales por compras al por mayor, póngase en contacto con el editor:

2 Quality People
Books2QP@outlook.com

978-1-958490-13-6 (Ebook)
978-1-958490-14-3 (Libro de tapa dura)

Editado por Mrs. Ani.

Impreso en los Estados Unidos de América.

Cuando Danny era un niño, se pasaba todo el tiempo jugando en los centros de videojuegos. Le encantaba jugar. ¡Se quedaba allí todo el día!

Entonces, su abuela le regaló una Atari 2600,
y todo cambió.

En lugar de ir a los recreativos,
se quedaba en su habitación jugando
al Atari todo el día. Estaba completamente enamorado.
Se la pasaba 23 horas al día jugando a los videojuegos.
Danny jugaba a los videojuegos por la mañana.
Jugaba a los videojuegos por la tarde.
Hasta jugaba a los videojuegos mientras todos dormían.

Un día, los padres de Danny entraron en su habitación y su padre le preguntó: —¿Qué quieres ser cuando seas grande?

—Cuando sea grande, voy a trabajar en el sector de los videojuegos —dijo Danny—. Ya lo verás.

Unos años más tarde, con la evolución de la tecnología,
Danny recibió otro regalo.
Esta vez fue una consola de juegos de Nintendo.

Con el paso de los años, Danny siempre se mantuvo
al día con los sistemas de juego más novedosos.

Su pasión por los videojuegos fue creciendo, sin embargo, sus padres estaban muy preocupados por el futuro de Danny.

—¿Qué vas a hacer cuando termine la escuela? —
preguntó el padre de Danny—. Recuerda que jugar
a los videojuegos no paga las facturas, hijo.

Danny comprendía lo que su padre intentaba enseñarle,
aunque su pasión por los videojuegos crecía cada día más.

Con el paso de los años,
Danny tomó la decisión de probar algo nuevo.
Iba a iniciar un programa para hablar de videojuegos.

Danny iba a hablar de todos los últimos y mejores videojuegos,
y los iba a reseñar en este programa.
Llamó al programa "La Radio del Gamertag".

Danny formó un equipo con su hermano pequeño e inmediatamente empezaron a practicar y a grabar el primer episodio.

Una vez que se sintió satisfecho, pasó al siguiente nivel.
Él creó "El Podcast de la Radio del Gamertag".
Su audiencia empezó a crecer a partir de este programa en línea,
y jugadores de todo el mundo escuchaban a Danny.
Él informaba a los oyentes sobre todo
lo que tenía que ver con los videojuegos.

Tras varios años y mucho trabajo, Danny fue nominado
al premio al Mejor Podcast Producido.
Se sintió súper emocionado y honrado de estar
en el evento especial de la Alfombra Roja.

—Desde que era un niño,
siempre supe qué era lo que quería ser,
¡y nunca me rendí! —dijo Danny.

Después de recibir su premio, Danny mencionó:

—Ha sido un sueño hecho realidad.

Tuve el honor de entrevistar a varias estrellas de Hollywood

y a algunos de mis artistas favoritos.

—No fue fácil para mí llegar aquí —dijo Danny—.
Mi trabajo duro y mi constancia están dando por fin sus frutos.
Y mirando al público, les dijo:
—Ahora por fin entiendo ese viejo dicho.
Si trabajas haciendo lo que te gusta cada día,
no trabajarás ni un solo día en tu vida.

DATOS CURIOSOS SOBRE DANNY

*La Radio del Gamertag es el primer podcast de juegos que publica **1.000** episodios.

*Danny es el primer latino que entra en el Salón de la Fama del Podcast.

*La primera película de Danny, "Gamertag Radio: A Podcast Story", ganó un premio al mejor largometraje en el Super Geek Film Festival.

*Mientras Danny creaba Gamertag Radio, trabajó con muchas grandes cadenas de televisión como Telemundo, Discovery Channel, Cheddar, CBS, y actualmente con G4.

Danny y su esposa, Riana, en Times Square, NYC